献给杰西和凯特——我生命中的两缕阳光。

——卡里尔·哈特

献给查理、艾略特、米洛、霍莉、卢卡和梅芙，不管天气如何，你们总能使我微笑。

——贝唐·伍尔温

去问问大自然
去问问天气

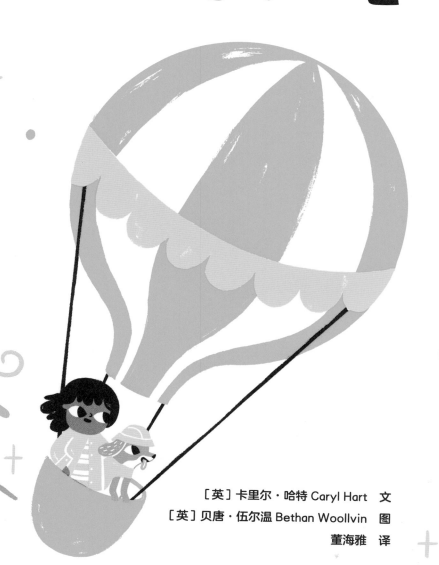

〔英〕卡里尔·哈特 Caryl Hart　文

〔英〕贝唐·伍尔温 Bethan Woollvin　图

董海雅　译

MEET THE WEATHER

浙江科学技术出版社

早晨一出门，你有没有发现
天色灰蒙蒙，潮湿又阴沉？
也可能天气暖洋洋，明媚又晴朗——
你有没有好奇，是谁让天气变成了这样？

其实，天气是大自然的一部分，
每个月、每个星期、每一天都会变化。
阳光、空气和水以不同的方式组合在一起，
便形成了各种各样的天气。

来吧……

我们一起去探险，
乘上神奇的热气球，
和高空的天气交个朋友……

快点儿！准备好喽，去天空遨游！

嗨，你好！我是**云**！能认识你可真好。

快过来吧，跟我们一起飘呀飘！

多希望你能在我们的肚子上蹦蹦跳跳……

可惜我们是由小水滴或小冰晶形成的，支撑不了你。

先别走，看我们一会儿吧，我保证
我们会为你变出各种形状。
瞧！一只小鸭子、一条鱼、一颗爱心——
我们云的本领呀，那是响当当！

7

呜——呼呼——

我是**风**，呼啸的狂风！
我是快速流动的空气。
有时我又轻柔得像羽毛一样——
拂过你的发梢，好像在挠痒痒。

一旦我吹起阵阵强风，那可真是乐趣无穷。
我能把大树吹得东倒西歪。
来，深吸一口气，跟我吹起来。
准备好了吗……

一、二、三——吹呀！

咔嚓——咔——砰！

我是**闪电**，威力无穷。

我是一团巨大的电火花。

我一般从极其庞大的积雨云中诞生，

能照亮整个黑暗的天空。

我有个吵闹的小伙伴，叫**雷**。哇！你听！

她一把抓住**咔嚓声**，

猛地往地上一扔，那响声**轰隆隆**！

周围邻居中，数她最闹腾！

哇哦！小心！
我是不断旋转的**龙卷风**！
狂野又凶猛——
请你一定要当心！
我威力无边，能把整栋房子都掀翻，
还能把大树、小汽车和大卡车
统统卷上天！

呜——呼！

呃……

宝贝儿，是你吗？我是**雾**。请离我近一点儿，
我想看看你，可实在看不清楚。
快握住我的手，小心看着路。
最朦胧的天气，非我莫属！

我感觉湿答答的——潮湿、昏暗又阴冷。
我让树和灯柱看起来像影子一样模糊。
所以你就慢一点儿走吧，打开照明灯……
一定要小心，千万别迷路！

我是**雪**，宝贝儿！你怎么可能不爱我？
我像羽毛一样轻盈松软！
轻轻地飘落在地上，多么美啊——
我能把整个大地变成白茫茫的一片！

你可以把我团成一个雪球，
但团之前，先仔细看看，你会发现，
每片雪花都是晶莹剔透的冰晶，
那么脆弱，又那么精致。

哇，好棒呀！

我是**晴天**里金灿灿的阳光！

快戴上帽子，涂点儿防晒霜，和我一起玩吧！

每当我在空中**闪耀**，整个世界都会微笑。

尽情放松吧——今天天气真好！

我特别喜欢跟**乌云**一起玩玩闹闹，
在高高的天空中捉迷藏。
要是你怎么也找不到我，别烦恼，
我很快就会探出头来，
大叫一声："嘿！你好！"

滴答，啪嗒，噼里啪啦！

我是**雨**，正哗啦啦地下！

我是在云里产生的——对，这一点儿不假！

我们小雨点长呀长，长到肥肥壮壮的时候，

就会"啪嗒啪嗒"掉下来，把你淋个透。

我们渗入你周围的土壤，
帮助自然万物茁壮成长。
瞧！这些**森林**和**树蛙**多喜欢我们呀——
希望你也一样！

嗨哟！

快看我！我是一道弯弯的**彩虹**！
你会在阳光和雨相遇的地方看见我。
我身上有**七种**鲜艳的颜色，
说不定你能在我脚下找到金子呢！

我们经历了这么美妙的飞行，
现在该踏上回家的旅程了。
但天气会永远陪伴在我们身边，
不论是每个白天，还是每个漆黑的夜晚。

下一次你向窗外望去时，
看看在外面玩耍的是什么天气。
你的新朋友们都盼着和你一起玩呢！

告诉我，
今天的天气怎么样？

龙卷风

闪电

雷

风

云

26

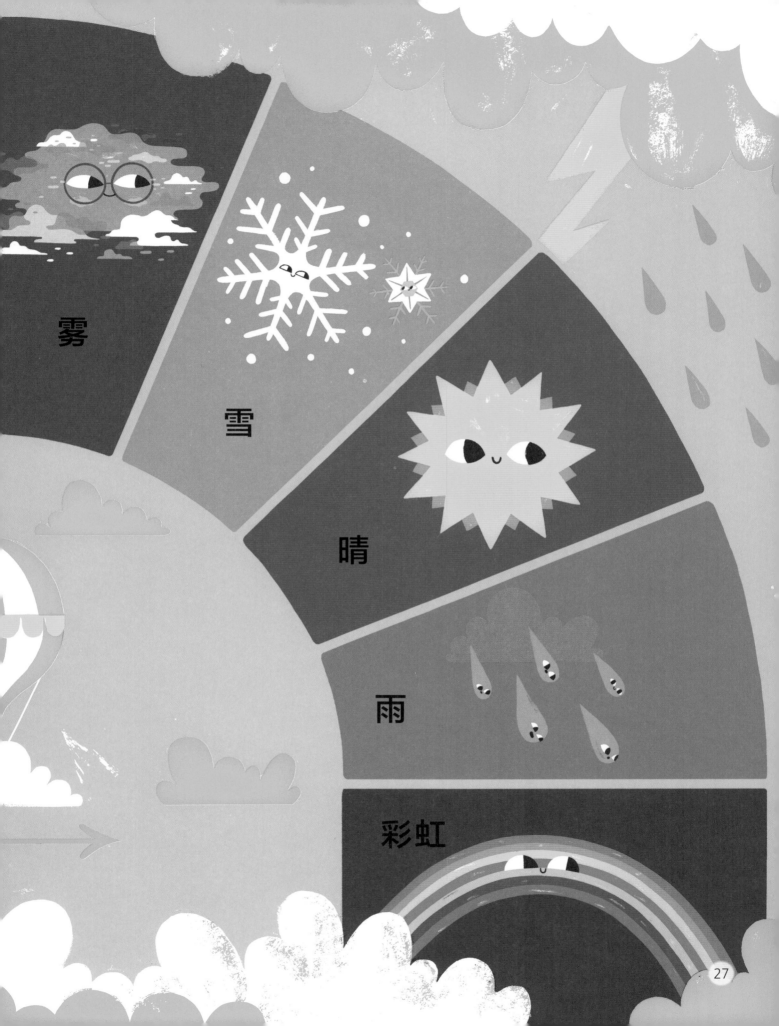

雾

雪

晴

雨

彩虹

27

著作合同登记号 图字：11-2023-071

图书在版编目（CIP）数据

去问问天气 /（英）卡里尔·哈特文；（英）贝唐·伍尔温图；董海雅译 . — 杭州：浙江科学技术出版社，2023.6
（去问问大自然）
ISBN 978-7-5341-5110-1

Ⅰ.①去… Ⅱ.①卡… ②贝… ③董… Ⅲ.①天气 – 儿童读物 Ⅳ.① P44–49

中国国家版本馆 CIP 数据核字 (2023) 第 068228 号

去问问大自然（全三册）

［英］卡里尔·哈特　文　　［英］贝唐·伍尔温　图
董海雅　译

出　版	浙江科学技术出版社	网　址	www.zkpress.com
地　址	杭州市体育场路 347 号	联系电话	0571-85176593
邮政编码	310006	印　刷	嘉业印刷（天津）有限公司
发　行	读客文化股份有限公司		

开　本	889mm×1194mm 1/16	印　张	6（全 3 册）
字　数	75 000（全 3 册）	审 图 号	GS 浙（2023）30 号
版　次	2023 年 6 月第 1 版	印　次	2023 年 6 月第 1 次印刷
书　号	ISBN 978-7-5341-5110-1	定　价	105.00 元（全 3 册）

责任编辑	卢晓梅	责任校对	张 宁	特约编辑	蔡舒洋　马敏娟
责任美编	金 晖	责任印务	叶文炀	封面装帧	吕倩雯

献给爸爸——爱的海洋。

——卡里尔·哈特

献给波德里克、帕维尔、卢瑟和奥蒂斯，这些
四条腿的小家伙陪我一同踏上此次探险之旅！

——贝唐·伍尔温

去问问大自然
去问问海洋

［英］卡里尔·哈特 Caryl Hart　文
［英］贝唐·伍尔温 Bethan Woollvin　图
董海雅　译

MEET THE OCEANS

浙江科学技术出版社

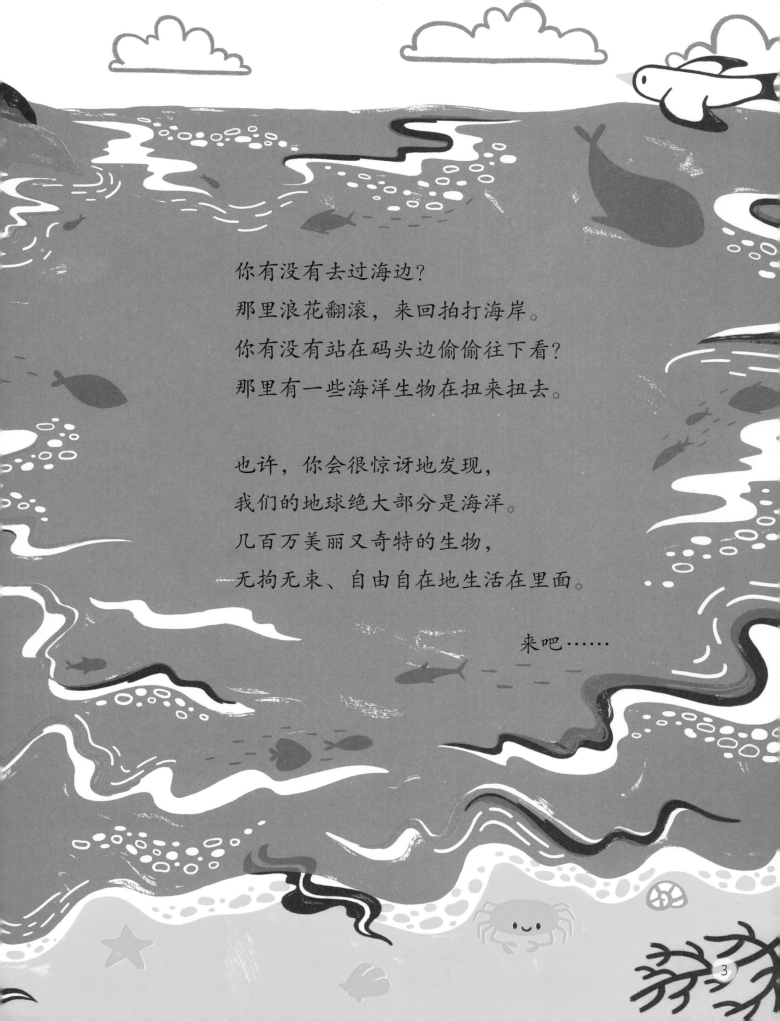

你有没有去过海边？
那里浪花翻滚，来回拍打海岸。
你有没有站在码头边偷偷往下看？
那里有一些海洋生物在扭来扭去。

也许，你会很惊讶地发现，
我们的地球绝大部分是海洋。
几百万美丽又奇特的生物，
无拘无束、自由自在地生活在里面。

来吧……

让我们一起潜入海底，
开启不同寻常的探险之旅，
去看看奥秘无穷的海洋世界……

登上潜水艇——
各位，请坐好喽！

呜！好冷！我是寒冷的**北冰洋**。
我很冷——冷得打哆嗦，瞧，你也和我一样！
在我的海域里，**海象**和**独角鲸**游来游去，
一些友好的**白鲸**，也生活在这里！

巨大的**水母**在我的海面附近漂浮，
毛茸茸的**北极熊**在我的冰面上轻轻地走动。
我是世界上**最小**的海洋，
但小有小的可爱，我就这么想。

我是活力满满的**大西洋**，你找到我啦——
我浩瀚无边，常有狂风巨浪。
你知道吗？我底下有高低起伏的**山脉**，
还有几百个海底**洞穴**。

亮晶晶的钻石深藏在我的海床里，
银色的**剑鱼**和**鲑鱼**自在地游来游去。
当你在海草间嗖嗖穿行的时候，
说不定还会看到奇特的野生**海牛**！

嘿，放松点儿，来这里歇会儿吧。
我是温暖的**加勒比海**！
我有几千个热带岛屿——
快来与我一起畅游吧——你觉得怎么样？

我们会遇到**箱鲀**、**石鲈鱼**和**天使鱼**，
还会遇到**鳐鱼**、**后颌鱼**和**蓝刺尾鱼**。
别想把我的海星和螃蟹全都数完，
那样的话，你得在水下待好多天！

喂！你好，我是**太平洋**。

我是全世界**最大**的海洋——好棒！

可我现在遇到了些麻烦，

你愿不愿意来帮帮忙？

你瞧，我的海水里有几百万个塑料碎片，

这让我感觉很恶心。

请你转告所有人："别再把垃圾丢在海里面！"

这样我的海洋生物才能快快好起来。

我是**南海**——哇哦！请当心。

这里到处都是船——快，快让路！

看哪，在我热热闹闹的海洋深处，

无数的动物都在忙忙碌碌。

14

成群的海鸟在我的上空盘旋、俯冲，
一看到食物，就像尖尖的飞镖一样扎进水中。
我很喜欢这样的生活，忙忙碌碌却又无拘无束，
所以我的心情呀，真的特别好！

我是蓝色的**珊瑚海**，

我很高兴，你终于找到了我！

我的大堡礁太酷了！

你从太空肉眼就能看到，它又大又长——

就像一串海洋珠宝在闪闪发光。

我是**龙虾**和**海蛇**的港湾，

也是三百种**鲨鱼**的家园。

成千上万的鱼儿都来这里觅食——

我是海底动物的乐园！

我是多姿多彩的**印度洋**——
上岸吧，我带你到处逛逛。
你会发现树上有**指猴**和**狐猴**，
番茄蛙蹲在靠近地面的地方。

在我的岸边，你会看见**海龟**和**小丑鱼**；
在海里，你会和巨大的**蓝鲸**相遇。
请一定要小心提防成群的**蓝鳍金枪鱼**，
它们游得极快，甩甩尾巴便一闪而过！

哦，祝贺你——顺利到达了南极。

我是冰冷的**南大洋**，嘿嘿！

我大名鼎鼎，因为我有**企鹅**和**冰山**，

还有强劲的大风，在我周围呼呼地吹。

我的港口边，有一些建筑真的很特别，
或许你也知道，它们名叫"**科学考察站**"。
那儿的科学家研究各种各样很酷的东西，
比如，气候变化、野生生物，还有雪！

21

嘿，欢迎你来参观。

我是**地中海**！

好多好多游客都来这儿玩——难怪你也喜欢。

我的风景特别迷人，让人舍不得离开。

我们经历了一场多么奇妙的旅行，
一路上还交了那么多朋友，
可最终还得踏上回家的旅程。
相信总有一天，我们会再回来看看。

23

下一次你舒舒服服地躺在浴缸里时，
想一想海洋朋友们，
还有海洋里那些奇妙的生物——
请你一定要好好保护它们。

加勒比海

太平洋

大西洋

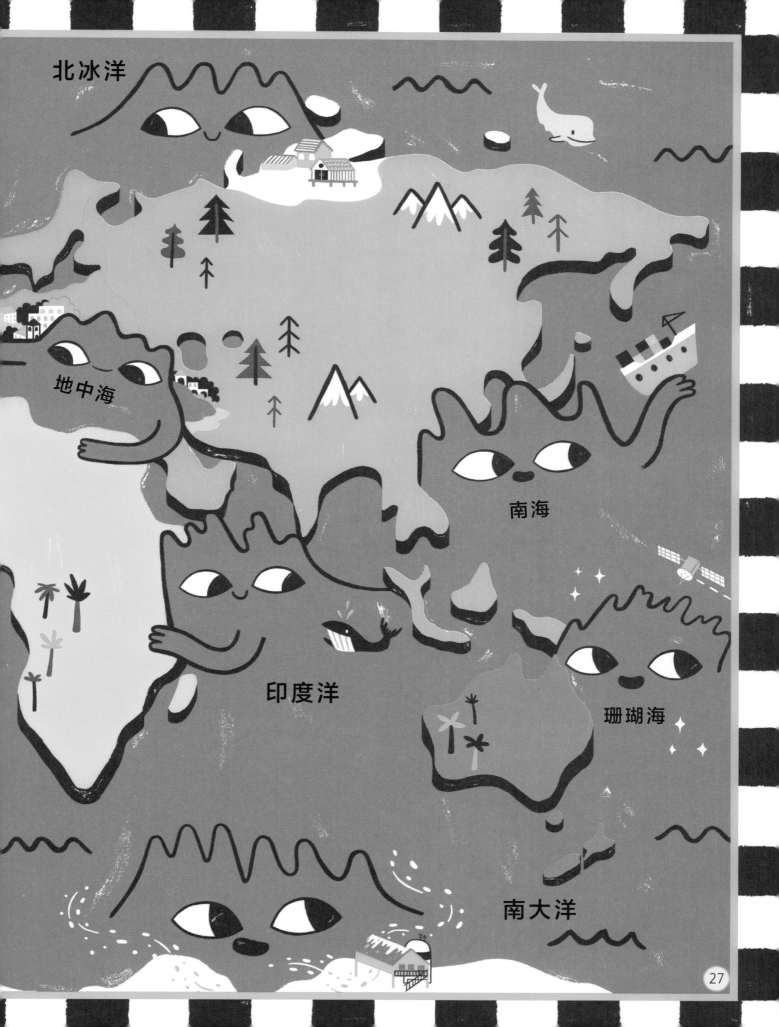

北冰洋

地中海

南海

印度洋

珊瑚海

南大洋

著作合同登记号 图字：11-2023-071

© Caryl Hart and Bethan Woollvin, 2021 together with the following acknowledgment: 'This translation of **MEET THE OCEANS** is published by **Dook Media Group Limited** by arrangement with Bloomsbury Publishing Inc. All rights reserved.

中文版权 © 2023 读客文化股份有限公司
经授权，读客文化股份有限公司拥有本书的中文（简体）版权

图书在版编目（CIP）数据

去问问海洋 /（英）卡里尔·哈特文；（英）贝唐·
伍尔温图；董海雅译 . —— 杭州：浙江科学技术出版社，
2023.6
（去问问大自然）
ISBN 978-7-5341-5110-1

Ⅰ . ①去… Ⅱ . ①卡… ②贝… ③董… Ⅲ . ①海洋 –
儿童读物 Ⅳ . ① P7-49

中国国家版本馆 CIP 数据核字 (2023) 第 068229 号

献给本和米莉——永远闪耀灿烂的光芒。

——卡里尔·哈特

献给威尔、丹尼、埃莉、利亚和霍夫曼。体验星际航行的唯一办法，就是带上狗狗乘火箭去！

——贝唐·伍尔温

去问问大自然
去问问太空

［英］卡里尔·哈特 Caryl Hart　文

［英］贝唐·伍尔温 Bethan Woollvin　图

董海雅　译

MEET THE PLANETS

浙江科学技术出版社

白天，太阳的光芒照耀大地，
夜幕降临，月亮会缓缓升起。
当我们把卧室明亮的灯都关上，
就会看到无数美丽的星星在闪闪发光。

星星看上去是那么那么小，
所以你可能想象不到，原来
每颗星星不是行星，就是恒星或卫星——
绝不只是普普通通的小亮片！

来吧……

让我们一起踏上精彩的旅程吧，
去看一看所有遥远的星球。
坐小汽车、公交车去要太久、太久……

坐上火箭，我们起飞喽！

你好，我是**太阳**——见到你真高兴！

我是天空中最大的大块头。

我很友好，不过你可千万别离我太近，

不然我肯定把你烤得嗞嗞冒油！

我的热量在白天给你带来温暖，

我的光芒让植物长得又绿又壮。

不过，你得小心，其实我是一团

巨大的火球——

是你所见过的

最炽热、最凶猛的火球！

我是**水星**——

我敢打赌，你肯定追不上我！

我绕着太阳高速飞奔，一刻不停，

最快每秒能嗖嗖地跑五十公里——

我是名副其实的"**飞毛腿**"行星！

嗖——！

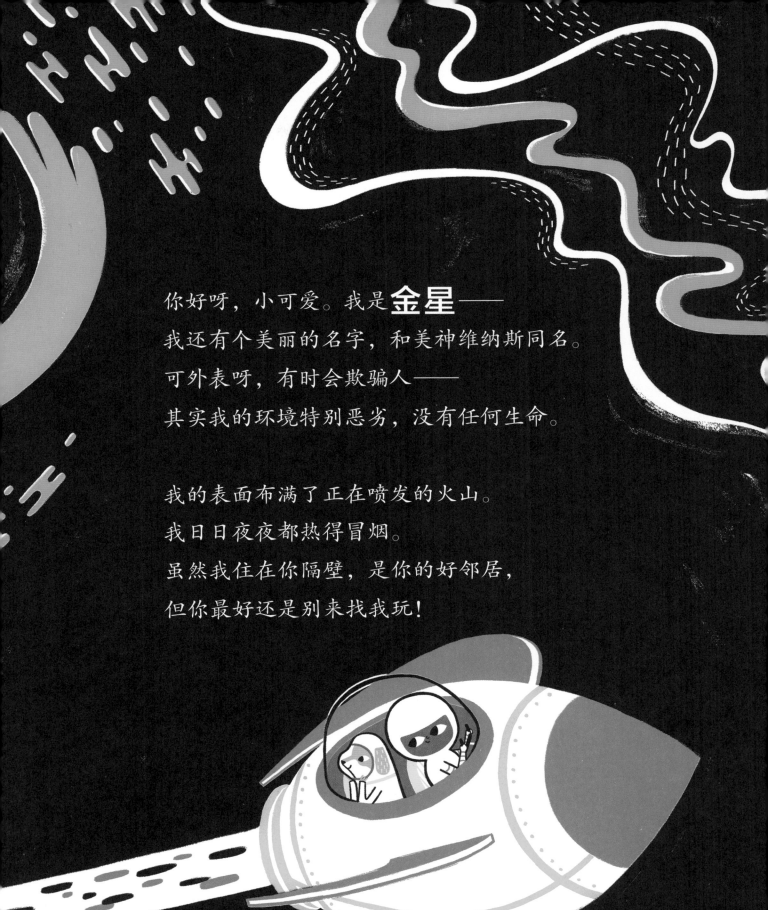

你好呀，小可爱。我是**金星**——
我还有个美丽的名字，和美神维纳斯同名。
可外表呀，有时会欺骗人——
其实我的环境特别恶劣，没有任何生命。

我的表面布满了正在喷发的火山。
我日日夜夜都热得冒烟。
虽然我住在你隔壁，是你的好邻居，
但你最好还是别来找我玩！

你好，我是**地球**——你肯定认识我。

我的主色调是美丽的蓝色和绿色。

在我表面生活的居民有几十亿，

其中有一个，就是

你！

我拥有海洋、森林和高山，

还有清新的空气、好喝的淡水。

像我这样的行星，再没有第二颗。

瞧你多幸运呀，能够拥有我。

嘘！宝贝儿，我是银色的**月球**——
夜晚你安睡时，是我在守护。
白天你抬起头，有时也能看到我——
不过只能看到我淡淡的轮廓。

嘿，我是**火星**——你好吗？

附近的人都叫我"**红色星球**"。

那是因为讨厌的风暴动不动就刮，

刮得我满脑袋都是铁锈色的尘土。

这里的冬天超级寒冷。

没有水，也没有食物——就只有冰。

不过你可以登上我高高的火山，

欣赏四周美丽的风景。

我是**木星**——"行星之王"。
我是一颗巨大的气态行星。
别想把你的宇宙飞船停在我头上，
因为这里压根儿没有坚实的土壤。

嗬！嗬！我是太阳系最大的行星。
连我的卫星"**木卫三**"也是大块头，
从诞生那天起，我们就有这么大。
你现在得赶紧走啦——再见，不送喽！

我的名字叫**土星**——

你怎么可能不爱我？

你不得不承认，我确实很好看。

瞧瞧我的**光环**，是不是亮闪闪的？

那是因为里面有碎石和冰块！

你们人类总是情不自禁地崇拜我，
因为在你们见过的行星中，我是最美的一颗！
别忘了拍上几百张照片，
带回去和好朋友们一起看看！

我是**天王星**——天哪，我好冷，冷得要命！
我是一颗风力极强，不停旋转的大冰球。
我的表面是冰层，连半块岩石也没有！
可惜你没法着陆，探索我的奥秘。

我叫**海王星**——人们管我叫"冰巨星"，
我那寒冷的大气层让我看起来是蓝色的*。
距离地球那么遥远，我感觉好孤单，
所以现在特别开心，可以与你见面！

* 海王星大气中的甲烷气体使其呈现蓝色，因为甲烷倾
向于吸收太阳光中的红橙光，并反射回蓝光。

哟嚯！是我呀！小小的**冥王星**。
你知道，我是一颗很小很小的**矮行星**。
瞧，这是我的好伙伴——**冥卫一**，
无论我去哪儿，她总在我身边！

现在我们该回家了——
结束这漫长的旅程，返回地球。
我们的太空之旅无比精彩，
一路上还交了那么多好朋友。

下一次你安安静静地躺在床上时，
别忘了遥望星光点点的夜空。
你会看见所有的朋友都在低头向你微笑——
那就挥挥你的小手吧，说一声"大家好"！

著作合同登记号 图字：11-2023-071

© Caryl Hart and Bethan Woollvin, 2020 together with the following acknowledgment: 'This translation of **MEET THE PLANETS** is published by **Dook Media Group Limited** by arrangement with Bloomsbury Publishing Inc. All rights reserved.

中文版权 © 2023 读客文化股份有限公司

经授权，读客文化股份有限公司拥有本书的中文（简体）版权

图书在版编目（CIP）数据

去问问太空 /（英）卡里尔·哈特文；（英）贝唐·伍尔温图；董海雅译 . — 杭州：浙江科学技术出版社，2023.6

（去问问大自然）

ISBN 978-7-5341-5110-1

Ⅰ . ①去… Ⅱ . ①卡… ②贝… ③董… Ⅲ . ①宇宙 – 儿童读物 Ⅳ . ① P159-49

中国国家版本馆 CIP 数据核字 (2023) 第 068786 号